技工院校一体化课程教学改革电气自动化设备安装与维修专业教材

# 电动机继电控制线路维修与改造

人力资源和社会保障部教材办公室组织编写

中国劳动社会保障出版社

## 内容简介

本书主要内容包括 X62W 型铣床控制线路的维修、T68 型镗床控制线路的维修、X62W 型铣床控制线路的改造和三段皮带运输机控制方案的设计、系统安装及调试四个学习任务。

**图书在版编目(CIP)数据**

电动机继电控制线路维修与改造/人力资源和社会保障部教材办公室组织编写. —北京：中国劳动社会保障出版社，2014. 8

技工院校一体化课程教学改革电气自动化设备安装与维修专业教材

ISBN 978-7-5167-1431-7

Ⅰ. ①电… Ⅱ. ①人… Ⅲ. ①电动机-控制电路-维修②电动机-控制电路-线路改造 Ⅳ. ①TM320. 12

中国版本图书馆 CIP 数据核字(2014)第 201684 号

**中国劳动社会保障出版社出版发行**

(北京市惠新东街 1 号 邮政编码：100029)

*

北京市艺辉印刷有限公司印刷装订 新华书店经销

787 毫米×1092 毫米 16 开本 7.5 印张 140 千字

2014 年 9 月第 1 版 2021 年 1 月第 3 次印刷

**定价：15.00 元**

读者服务部电话：(010) 64929211/84209101/64921644

营销中心电话：(010) 64962347

出版社网址：http://www.class.com.cn

http://jg.class.com.cn

# 技工院校一体化课程教学改革教材编委会名单




## 编审人员

主　编：卢光飞

参　编：余　寒　姜红强

顾　问：朱永亮　张利芳　张晓梅

# 序

人才是我国经济社会发展的第一资源，技能人才是人才队伍的重要组成部分。党中央、国务院高度重视技能人才队伍建设工作，2009 年 12 月，胡锦涛总书记在视察珠海市高级技工学校时指出："没有一流的技工，就没有一流的产品"、"技能型人才在推进自主创新方面具有不可替代的重要作用"。技工院校是系统培养技能人才的重要基地。多年来，技工院校始终紧紧围绕国家经济发展和劳动者就业，以满足经济发展和企业对技术工人的需求为办学宗旨，形成了鲜明的办学特色，为国家培养了大批生产一线技能劳动者和后备高技能人才。

当前，我国处于全面建设小康社会的关键时期，随着加快转变经济发展方式、推进经济结构调整以及大力发展高端制造产业等新兴战略性产业，迫切需要加快培养一大批具有精湛技能和高超技艺的技能人才。为了遵循技能人才成长规律，切实提高培养质量，进一步发挥技工院校在技能人才培养中的基础作用，从 2009 年开始，我部借鉴国内外职业教育先进经验，在全国 17 个省（区、市）的 30 所技工院校启动了一体化课程教学改革试点工作，推进以职业活动为导向，以校企合作为基础，以综合职业能力培养为核心，理论教学与技能操作融合贯通的一体化课程教学改革。这项改革试点将传统的以学历为基础的职业教育转变为以职业技能为基础的职业能力教育，促进了职业教育从知识教育向能力培养转变，努力实现"教、学、做"融为一体，收到了积极成效。改革试点得到了学校师生的充分认可，普遍反映一体化课程教学改革是技工院校一次"教学革命"，学生的学习热情、教学组织形式、教学手段和学生的综合素质都发生了根本性变化。试点的成果表明，一体化课程教学改革是转变技能人才培养模式的重要抓手，是推动技工院校改革发展的重要举措，也是人力资源社会保障部门加强技工教育和在职业培训工作的一个重点项目。

教学改革的成果最终要以教材为载体进行体现和传播。根据我部推进一体化课程教学改革的要求，一体化课程改革专家、几百位试点院校的骨干教师以及中国人力资源和社会保障出版集团的编辑团队，用了三年多的时间，组织实施了一体化课程教学改革试点，并将试点中形成的课程成果进行了整理、提炼，汇编成“活页”教材。这套教材不仅在形式上打破了传统教材的编写模式，而且在内容上突破了传统教材的结构体例，在国内职业教育培训教材领域中均属首创。这套教材及配套资料的出版，不仅是本次一体化课程教学改革试点工作的阶段性总结，也是一体化课程教学改革不断深化和全面推广的一个起点。希望全国技工院校将一体化课程教学改革作为创新人才培养模式、提高人才培养质量的重要抓手，进一步推动教学改革，促进内涵发展，提升办学质量，为加快培养合格的技能人才作出新的更大贡献！

人力资源和社会保障部副部长

王晓初

二〇一二年八月

# 活页式教材使用说明

◆ 页码编排方式

为了更加方便地在教材中增删和替换内容，页码采用“学习任务编号－学习活动编号－页码号”三级编排形式，如“3–2–4”表示“学习任务三”的“学习活动 2”的第 4 页。

◆ 过程评价表使用方法

教材中设计了“自评表”、“互评表”、“教师总评表”、“综合评价表”等评价表格，表头上有“班级”、“姓名”、“学号”等信息栏，从活页教材中取出评价表填写后可以单独提交。

◆ 教材内容更新方法

中国人力资源和社会保障出版集团将根据一体化课程教学改革的推进以及科学技术的发展和不同地域的需要，不断补充和更新教材中的学习任务和学习活动，学校可以从“一体化课程教学改革教学资源网（http：//zyjy.class.com.cn）”下载（需在网站注册）。通过网站还可以了解到更多的一体化课程教学改革信息和下载相关资源。

◆ 便携式活页夹和 PVC 保护板使用方法

使用教材中附赠的便携式活页夹，可以灵活方便地将教材中部分内容携带至一体化教学场地。教材内附的整张 PVC 保护板可以作为学习记录垫板使用。

◆ 参考用书选用方法

在学习过程中，学生需要查阅大量参考资料，下表为中国人力资源和社会保障出版集团出版的适宜本专业一体化教学使用的参考书目录。

# 电气自动化设备安装与维修专业一体化教学参考书目录（高级阶段）

| 序号 | 书号 | 书名 |
|---|---|---|
| 1 | 978-7-5045-9050-3 | 电工基础 |
| 2 | 978-7-5045-9106-7 | 模拟电子电路 |
| 3 | 978-7-5045-9552-2 | 数字电子电路 |
| 4 | 978-7-5045-9401-3 | 电工仪表与电气测量 |
| 5 | 978-7-5045-9109-8 | 工程识图与AutoCAD |
| 6 | 978-7-5045-9513-3 | 电机变压器原理与维修 |
| 7 | 978-7-5045-9825-7 | 常用机床电气线路维修 |
| 8 | 978-7-5045-9548-5 | PLC应用技术（三菱 上册） |
| 9 | 978-7-5045-9655-0 | PLC应用技术（三菱 下册） |
| 10 | 978-7-5045-9653-6 | 工厂变配电技术 |
| 11 | 978-7-5045-9691-8 | 电力电子变流技术 |
| 12 | 978-7-5045-9772-4 | 直流调速技术 |
| 13 | 978-7-5045-9809-7 | 变频技术 |
| 14 | 978-7-5045-9641-3 | 传感器应用技术 |

# 目　　录

# 学习任务一　X62W 型铣床控制线路的维修

## 学习目标

1. 在中级工基础上进一步熟悉常用的机床检修方法、检修思路及检修步骤。

2. 熟悉 X62W 型铣床的结构、作用和操作方法。

3. 通过与操作人员的沟通，熟练掌握铣床的运动特点及其对控制线路的要求。

4. 能根据电气控制线路图分析各部分电路的工作过程，掌握电气线路故障分析的方法，能制订切实可行的维修方案，并做好防护措施。

5. 能正确使用仪表或根据工作经验确定具体故障点，并能排除出现的故障。

6. 能按照作业规程对设备进行维护、保养。

7. 能在检修完毕后进行自检、试车并交付使用。

8. 能按照企业管理制度，正确填写维修记录并归档，为后续维修提供参考资料。

## 建议学时

60 学时

## 工作情境描述

我校机加工车间操作工报告，该车间 X62W 型铣床发生故障（图样不全）。学校决定由电工班与钳工班共同对设备进行维修，使设备达到良好运行状态。电工班负责使控制线路部分工作正常，达到运行要求，经验收合格后交付使用。

## 工作流程与活动

1. 明确工作任务，认知维修对象（12 学时）

2. 绘制电气图（24 学时）

3. 故障分析与排除（10 学时）

4. 通电调试与交付验收（10 学时）

5. 工作总结与评价（4 学时）

# 学习活动 1　明确工作任务，认知维修对象

## 学习目标

- 能读懂 X62W 型铣床故障维修任务单，正确理解维修任务及要求。
- 能描述铣床的结构、加工过程。
- 知道常用的机床检修方法、检修过程，仪表的使用技巧以及检修过程中的安全注意事项。

建议学时：12 学时

## 学习过程

1. 阅读维修任务单，明确工作任务。

维修任务单

No：　　　　　　　　　　　　　　　　　　　　　　编号：

| 用户资料栏 | | | |
|---|---|---|---|
| 用户部门 | 校办工厂机加工车间 | 联系人 | |
| 购买日期 | | 联系电话 | |
| 产品型号 | X62W 型铣床 | 机身号 | |
| 报修日期 | 2012. 04. 12 | | |
| 故障现象 | 主轴电动机不工作 | | |
| 维修要求 | 因图样不全，给维修带来很多不便，需先测绘出电气线路图，再维修机器。要求在两周内完成此维修任务 | | |

续表

<table>
<tr><th colspan="8">维修资料栏</th></tr>
<tr><td rowspan="10">维修内容</td><td>故障现象</td><td colspan="6"></td></tr>
<tr><td>维修情况</td><td colspan="6"></td></tr>
<tr><td rowspan="6">元件更换情况</td><td>元件编码</td><td>元件名称</td><td>单位</td><td>数量</td><td>金额</td><td>备注</td></tr>
<tr><td></td><td></td><td></td><td></td><td></td><td rowspan="5"></td></tr>
<tr><td></td><td></td><td></td><td></td><td></td></tr>
<tr><td></td><td></td><td></td><td></td><td></td></tr>
<tr><td></td><td></td><td></td><td></td><td></td></tr>
<tr><td></td><td></td><td></td><td></td><td></td></tr>
<tr><td>维修结果</td><td colspan="6"></td></tr>
</table>

执行部门： 维修员： 签收人：

（1）用文字具体描述该项工作的内容及要求。

（2）机床电气设备维修的一般方法有哪些？

机床电气设备维修的一般方法

| 序号 | 方法 | 特点 | 备注 |
|---|---|---|---|
| 1 | | | |
| 2 | | | |
| 3 | | | |
| 4 | | | |

续表

| 序号 | 方法 | 特点 | 备注 |
|---|---|---|---|
| 5 | | | |
| 6 | | | |
| 7 | | | |
| 8 | | | |

2. 了解 X62W 型铣床的结构、特点、作用及加工过程。

铣床的种类很多，常用的有立式铣床、卧式铣床、万能铣床、龙门铣床等。

万能铣床是一种通用的多用途机床，它可以用圆柱铣刀、圆片铣刀、角度铣刀、成形铣刀及端面铣刀等刀具对各种零件进行平面、斜面、螺旋面及成形表面的加工，还可以加装万能铣头、分度头和圆形工作台等机床附件来扩大加工范围。

常用的万能铣床有两种，一种是 X62W 型卧式万能铣床，铣头水平放置；另一种是 X52K 型立式万能铣床，铣头垂直放置。这两种铣床在结构上大体相似，工作台进给方式、主轴变速等都一样，电气控制线路经过系列化以后也基本一样，差别在于铣头的放置方向不同。

X62W 型万能铣床主要有以下三种运动形式：

（1）主运动

X62W 型万能铣床的主运动是主轴带动铣刀的旋转运动。

铣削加工有顺铣和逆铣两种加工方式，所以要求主轴电动机能正转和反转，但考虑到大多数情况下一批或多批工件只用一个方向铣削，在加工过程中不需要变换主轴旋转的方向，因此用组合开关来控制主轴电动机的正转和反转。

铣削加工是一种不连续的切削加工方式，为了减少振动，主轴上装有惯性轮，但这样会造成主轴停车困难，因此，主轴电动机采用电磁离合器制动以实现准确停车。

铣削加工过程中需要主轴调速，采用改变变速箱的齿轮传动比来实现，主轴电动机不需要调速。

（2）进给运动

进给运动是指工件随工作台在前后、左右和上下六个方向上的运动以及随圆形工作台的旋转运动。

铣床的工作台要求有前后、左右和上下六个方向上的进给运动和快速移动，所以要求进给电动机能正反转。为扩大加工能力，在工作台上可加装圆形工作台，圆形工作台的回转运动由进给电动机经传动机构驱动。

为保证机床和刀具的安全，在铣削加工时，任何时刻工件都只能有一个方向的进给运动，因此，采用机械操作手柄和行程开关相配合的方式实现六个运动方向的联锁。为防止刀具和机床的损坏，要求只有主轴旋转后，才允许有进给运动；同时为了减小加工件的表面粗糙度值，要求进给停止后，主轴才能停止或同时停止。

进给变速采用机械方式实现，进给电动机不需要调速。

(3) 辅助运动

辅助运动包括工作台的快速运动及主轴和进给的变速冲动。

工作台的快速运动是指工作台在前后、左右和上下六个方向之一上的快速移动。它是通过快速移动电磁离合器的吸合，改变机械传动链的传动比实现的。

为保证变速后齿轮能良好啮合，主轴和进给变速后，都要求电动机做瞬时点动，即变速冲动。

1) 仔细观察 X62W 型铣床实物图，查阅相关资料，结合图上指引线简述其结构组成。

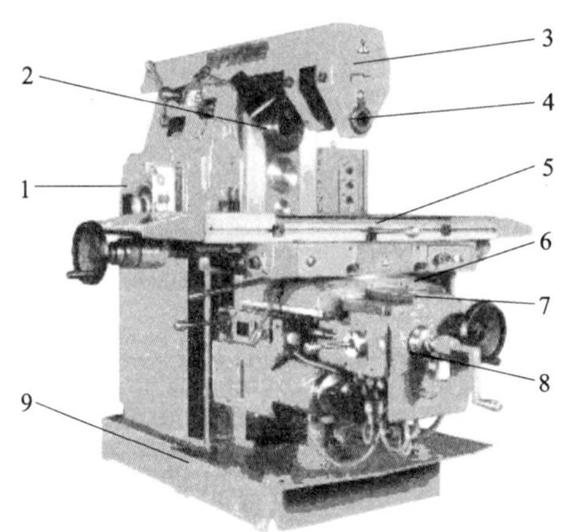


X62W 型铣床实物图

2）铣床主要用于加工哪些形状的工件？试各列举 1 ~ 2 个应用实例。

3）查阅资料，简要叙述铣床的运动形式。

3. 学习机床电气故障检修的相关知识。

（1）机床的故障一般分为机械故障和电气故障两大类，其中电气故障又分为自然故障和人为故障，查阅资料，简述哪些属于自然故障，哪些属于人为故障。

电气故障分类及举例

| 分类<br>序号 | 人为故障 | 自然故障 | 备注 |
|---|---|---|---|
| 1 | | | |
| 2 | | | |
| 3 | | | |
| 4 | | | |
| 5 | | | |
| 6 | | | |

（2）结合机床检修流程图，根据自己的经验，简述检修机床时各检修步骤的工作内容和工作方法。

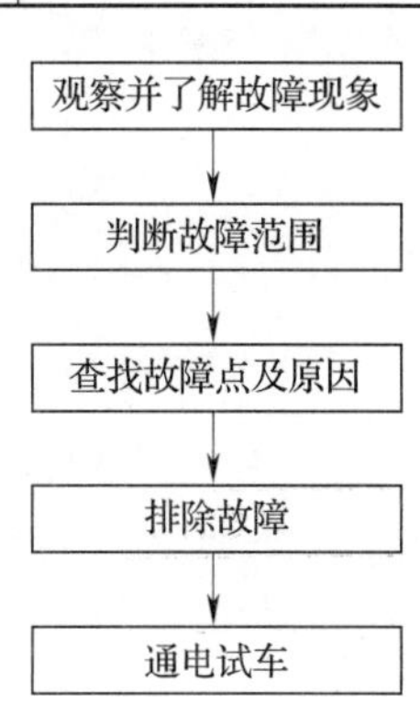


机床检修流程图

（3）简述常用机床检修过程中所用仪表的使用方法。

（4）简述机床检修过程中常用且有效的查找故障的方法。

（5）看图填表

1）把万用表的转换开关置于交流电压 500 V 的挡位上，然后按下图所示的方法进行测量，根据测量结果补全故障测量记录表。

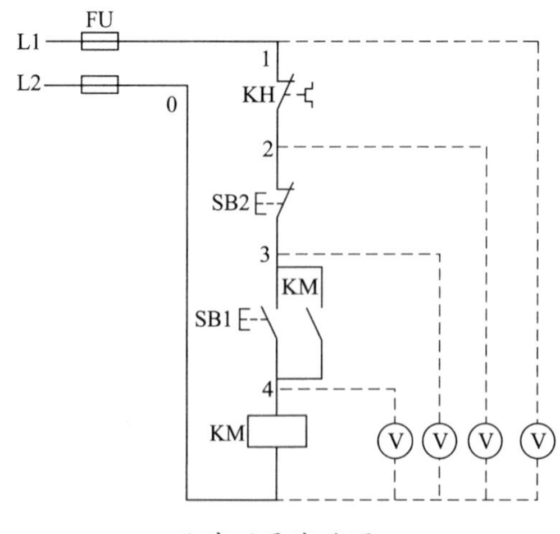


故障测量线路图 1

故障测量记录表

| 故障现象 | 测试状态 | 0－2 | 0－3 | 0－4 | 故障点 |
| --- | --- | --- | --- | --- | --- |
| 按下 SB1 时，KM 不吸合 | 按住 SB1 不放 | | 0 | | KH 常闭触点接触不良 |
| | | 380 V | 0 | 0 | |
| | | 380 V | | 0 | SB1 接触不良 |
| | | 380 V | 380 V | 380 V | |

2）把万用表的转换开关置于倍率适当的电阻挡上，然后按下图所示方法进行测量。逐段测量相邻点 1－2、2－3、3－4（测量时由 1 人按下 SB2）、4－5、5－6、6－0 之间的电阻。先说明使用条件，再根据测量结果补全故障测量记录表。

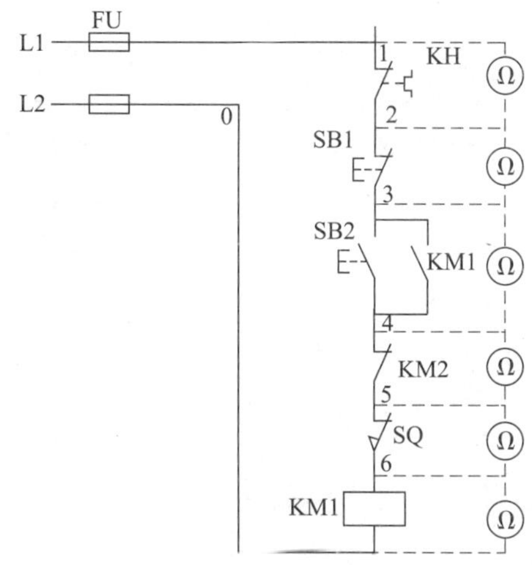

故障测量线路图 2

使用条件：＿＿＿＿＿＿＿＿＿＿＿＿＿＿＿＿＿＿

故障测量记录表

| 故障现象 | 测试点 | 电阻值 | 故障点 |
| --- | --- | --- | --- |
| 按下 SB2 时，KM1 不吸合 | 1－2 | ∞ | |
| | 2－3 | ∞ | |
| | 3－4 | ∞ | |
| | 4－5 | ∞ | |
| | 5－6 | ∞ | |
| | 6－0 | ∞ | |

4. 制订维修工作计划。

(1) 进行维修时需要哪些工具和材料?

(2) 维修时要注意哪些问题? 人身及设备安全应如何保障?

(3) 进行人员分工，并填写分工记录表。

分工记录表

| 序号 | 姓名 | 分工 |
| --- | --- | --- |
| | | |
| | | |
| | | |
| | | |
| | | |
| | | |

(4) 填写工序及工期安排记录表。

工序及工期安排记录表

| 序号 | 工作内容 | 完成时间 | 备注 |
| --- | --- | --- | --- |
| | | | |
| | | | |
| | | | |
| | | | |
| | | | |
| | | | |
| | | | |
| | | | |

# 学习活动 2　绘制电气图

## 学习目标

- 知道 X62W 型万能铣床中电气元器件的具体位置。
- 知道测绘电气原理图的方法与步骤。
- 能绘制电气线路图并分析原理。

建议学时：24 学时

## 学习过程

1. 查阅相关资料，简述测绘机床电气原理图的方法和步骤。

2. 仔细观察下图所示需要测绘的铣床，找出各电气元器件的位置，并画出各元器件在安装板（左右控制箱）上的位置图（如无真实铣床，也可画出模拟系统中电气元器件的位置图。控制箱内的元器件在一张图上，控制箱外的元器件可通过接线端子连接）。

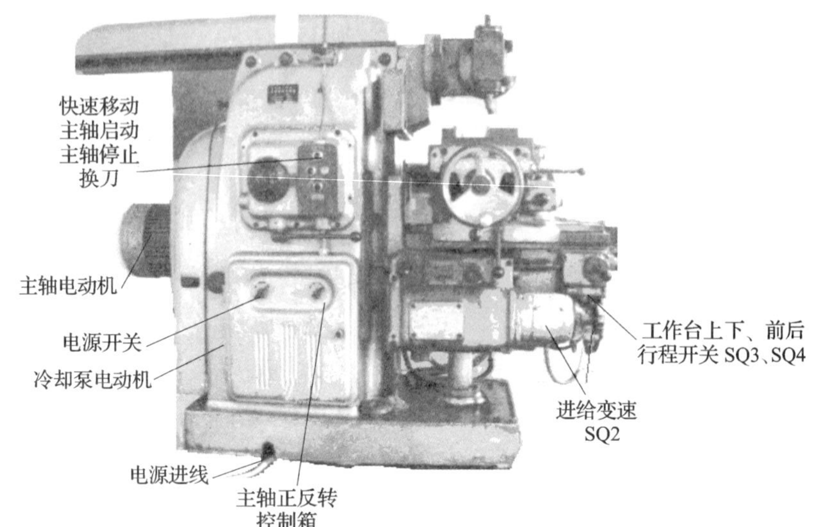


床身左侧

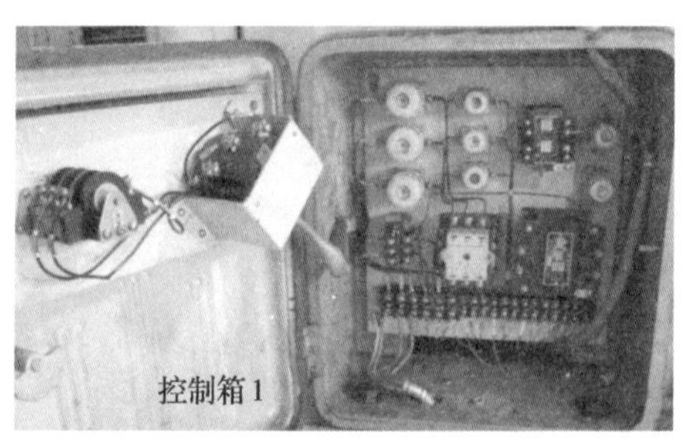


床身左侧控制箱

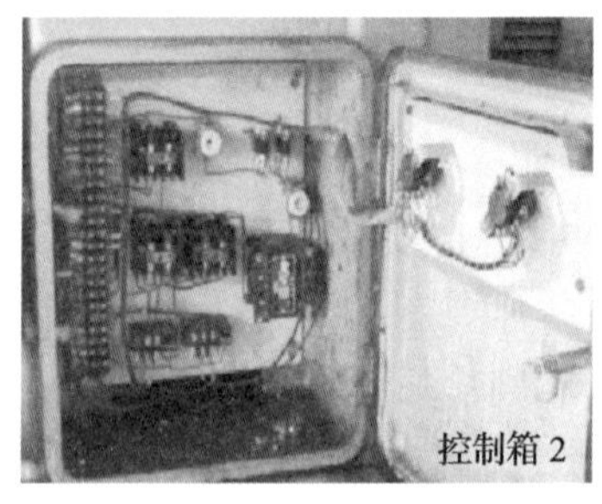


床身右侧控制箱

床身正面

床身右侧

（1）电气元器件位置图（左）

（2）电气元器件位置图（右）

3．对各个电气元器件和端子进行标注（如原来就有，最好用原来的），然后连线，形成接线图。

（1）对各个元器件进行标注。

（2）根据实际系统画接线图。

4. 区分主电路和控制电路，分别测绘主电路、控制电路的原理图。

（1）主电路原理图

（2）控制电路图 1

（3）控制电路图 2

5．绘制出完整的铣床电气原理图（也可用 CAD 软件绘制输出后，粘贴于此）。

6. 写出完整的电气元器件表，要求包括名称、型号（如条件允许）、规格、件数、作用等内容。其中，作用需要说明元器件动作时机器的工作状态，这对维修机器极为重要。

电气元器件表

| 符号 | 名称 | 型号 | 规格 | 件数 | 作用 |
| --- | --- | --- | --- | --- | --- |
| M1 | | | | | |
| M2 | | | | | |
| M3 | | | | | |
| KM1 | | | | | |
| KM2 | | | | | |
| KM3 | | | | | |
| KM4 | | | | | |
| SB1 | | | | | |
| SB2 | | | | | |
| SB3 | | | | | |
| SB4 | | | | | |
| SB5 | | | | | |
| SB6 | | | | | |
| KH1 | | | | | |
| KH2 | | | | | |
| KH3 | | | | | |
| T1 | | | | | |
| T2 | | | | | |
| T3 | | | | | |
| YC1 | | | | | |
| YC2 | | | | | |
| YC3 | | | | | |
| VD | | | | | |
| FU1 | | | | | |
| FU2 | | | | | |
| FU3 | | | | | |
| FU4 | | | | | |
| FU5 | | | | | |

续表

| 符号 | 名称 | 型号 | 规格 | 件数 | 作用 |
|---|---|---|---|---|---|
| FU6 | | | | | |
| SA1 | | | | | |
| SA2 | | | | | |
| SA3 | | | | | |
| SA4 | | | | | |
| SA5 | | | | | |
| EL | | | | | |
| SQ1 | | | | | |
| SQ2 | | | | | |
| SQ3 | | | | | |
| SQ4 | | | | | |
| SQ5 | | | | | |
| SQ6 | | | | | |
| X1 | | | | | |
| X2 | | | | | |
| X3 | | | | | |

# 学习活动 3　故障分析与排除

## 学习目标

- 能根据具体的故障现象，按铣床电气原理图进行分析，指出可能产生故障的原因和存在的区域，做针对性检查，并制订正确的维修方案，以正确的步骤查找故障点、排除故障。
- 能正确使用测试工具和仪表。
- 能养成安全规范操作、文明生产的行为习惯。

建议学时：10 学时

## 学习过程

1. 分析故障原因，确认故障范围。

（1）故障调查。了解故障的现象及特点，询问故障出现时机床产生的特殊现象，有助于对故障产生的可能原因和所涉及的部位做出初步的分析和判断，确定最小故障范围。试写出你所做的故障调查内容。

（2）电路分析

1）铣床主轴电动机不能启动的原因有哪些？简要列出 4 ~6 种。

2）根据你所做的故障调查内容（故障现象和操作者所介绍的情况），对照电路原理图，对故障产生的可能原因和所涉及的电路部分进行分析并做出初步判断，简要叙述分析过程。

（3）简述本次维修工作中所用测试工具和仪表的使用技巧及注意事项。

2．检查线路，确定故障点。

（1）检查线路的方法一般分两种，即通电检查和断电检查。试以主轴电动机不能启动为例简要叙述应如何进行断电检查和通电检查。

首先做通电检查：

1）进线电源检查：________________________________________

________________________________________

2）检查电源开关状态，测量电源电压：________________________________________

________________________________________

3）检查换刀开关状态，测量控制电源：________________________________________

________________________________________

4）按下启动按钮，检测铣床主轴状态：________________________________________

________________________________________

5）如果主轴控制接触器不动作：________________________________________

________________________________________

6）如果主轴控制接触器动作，但主轴电动机不启动：________________________________________

________________________________________

其次做断电检查：

1）主电路的检查（测量电动机的相间回路电阻值，根据测量结果判断故障点）：______

________________________________________

________________________________________

________________________________________

________________________________________

2）控制电路的检查（测量主轴控制回路各元器件导通电阻值，根据测量结果判断故障点）：

______________________________________________

______________________________________________

______________________________________________

______________________________________________

______________________________________________

（2）通过检查，本任务的故障点在哪里?

3. 排除故障。

在确认了故障点后，你打算采用什么方法排除故障?

4. 其他常见故障的分析与排除。

电气故障是多种多样的，就是同一故障现象，产生的原因也可能不同。因此，要在看懂电气原理图的基础上与实际情况相结合灵活处理，才能迅速、准确地判断和排除故障。试分析产生以下故障现象的可能原因及检修方法与技巧。

故障1：主轴启动后，工作台不能向右自动进给，其他方向控制正常。

可能原因：

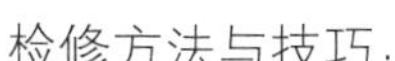

检修方法与技巧：

故障 2：工作台不能向上、向前做进给运动，但可向下、向后及向左、向右做进给运动。

可能原因：

检修方法与技巧：

故障 3：工作台的左右、上下及前后控制手柄都能控制工作台做进给运动，但在选定工作方向后按下快速移动按钮时却不能快速移动。

可能原因：

检修方法与技巧：

故障 4：当按下主轴停止按钮时，主轴自然停车。但将换刀开关置于换刀位置时，可立即停车。

可能原因：

检修方法与技巧：

故障 5：主轴能正常控制，但工作台的六个方向都不能做进给运动，工作台变速时冲动也不能控制，按下快速移动按钮不能控制工作台快速移动，KM3、KM4 线圈的电阻值正常。

可能原因：

检修方法与技巧：

5. 按下表进行维修考核及成绩评定。

学生姓名：　　　　　　小组成员：　　　　　　　　　　　　带队教师：

<table>
<tr><th>项目内容</th><th colspan="2">评分标准</th><th>得分</th></tr>
<tr><td rowspan="2">故障分析（30 分）</td><td colspan="2">1. 标不出最小故障范围或标错，每个故障点扣 15 分</td><td rowspan="2"></td></tr>
<tr><td colspan="2">2. 故障分析思路不清楚，每个故障点扣 5 ~ 10 分</td></tr>
<tr><td rowspan="5">排除故障（70 分）</td><td colspan="2">1. 不能排除故障点，每个故障点扣 35 分</td><td rowspan="5"></td></tr>
<tr><td colspan="2">2. 扩大故障范围或产生新的故障后，不能自行修复，每个故障点扣 35 分</td></tr>
<tr><td colspan="2">3. 损坏电动机或工具，扣 70 分</td></tr>
<tr><td colspan="2">4. 损坏二极管，每个扣 35 分</td></tr>
<tr><td colspan="2">5. 排除故障方法不正确，每个故障扣 10 分</td></tr>
<tr><td>文明生产</td><td colspan="2">违反安全生产规定扣 10 ~ 70 分</td><td></td></tr>
<tr><td>工时</td><td>1 h</td><td>每超过 5 min 扣 10 分</td><td></td></tr>
<tr><td colspan="3">合计</td><td></td></tr>
</table>

# 学习活动 4　通电调试与交付验收

## 学习目标

- 能严格执行安全操作规程，不擅自通电试车。
- 维修完成后能通过多种方法进行自检，并按照通电试车的步骤进行通电试车。
- 能正确填写维修记录，并交付验收。
- 能按电工作业规程完成施工后的场地清理工作。
- 能整理文件资料并归档。

建议学时：10 学时

## 学习过程

1. 通电调试前的准备

（1）X62W 型铣床维修后，进行通电调试前，应该做哪些安全准备工作?

（2）在通电调试前，应该对哪些元器件进行检查?

（3）在通电调试前，应该对哪些元器件或部位进行绝缘电阻测试？写出测试数据并判断是否合格。

（4）在通电试车前还有哪些工作需要准备？

2. 通电调试

（1）小组讨论制订通电调试方案，并将调试项目、内容和测试值填写在下表中。

通电调试记录表

| 序号 | 调试项目 | 调试内容 | 测试值 | 是否合格 |
| --- | --- | --- | --- | --- |
| 1 | | | | |
| 2 | | | | |
| 3 | | | | |
| 4 | | | | |
| 5 | | | | |
| 6 | | | | |
| 7 | | | | |

（2）在调试过程中遇到了哪些问题？是如何解决的？

## 小提示

1. 检修机床电气故障的过程中应注意的问题

（1）检修前应将机床上所加工的工件卸下来，并将现场清理干净。

（2）将机床控制电源的控制开关关掉，并检查电源是否被完全切断。

（3）当需要更换熔断器的熔体时，必须选择与原熔体型号相同的熔体，不得随意扩大，更不可以用其他导体代替，以免造成意想不到的事故。

（4）检修过程中如果机床保护系统出现故障，修复后一定要按技术要求重新整定保护值，并进行可靠性试验，以免发生失控，造成人为事故。

（5）检修时，若要用兆欧表检测电路的绝缘情况，应断开被测支路与其他支路的联系（有电气元器件时），以免将其他支路的元器件击穿，将事故扩大。

（6）在拆卸元器件及端子连线时，一定要事先做好记号，避免在安装时发生错误。被拆下的线头要做好绝缘包扎，以免造成人为事故。

（7）当机床线路检修完毕后，在通电试车之前，应再次清理现场，检查元器件、工具有无遗忘在机床机体内，并用万用表 R×10 挡检测有无电源短路。

（8）为防止出现新的故障，必须在操作者的配合下进行通电试车。

（9）试车时应做好防护工作，并注意人身及设备安全。若需要带电调整时，应先检查防护器具是否完好。操作时需要遵照安全规程进行，操作者不得随便触及机床或电气设备的带电部分和运动部分。

2. 维修小技巧

（1）通电检查时，最好先检查各熔断器输出点的电压是否正常，这些点都正常后，才能保证各点的工作电压正常。

（2）通电检查时，必须熟悉电气原理图，弄清机床线路走向及元器件部位。检查时要核对好导线线号，而且要注意安全防护和监护。

（3）用万用表测电磁线圈电阻值时，要先调零，选用低阻值挡，因为电磁线圈的直流电阻较小。

（4）用万用表测直流电压时，要注意选用的量程和挡位，还要注意检测点的极性（如存在直流电）。选用量程可根据说明书所注电磁线圈的工作电压和电气原理图中的图注选择。

（5）用万用表检查整流二极管，应断电进行。测试时，应拔掉对应熔断器。

（6）检修整流电路时，不可将二极管的极性接错，若接错一只二极管，将会发生整流器和电源变压器的短路事故。

（7）铣床电气控制线路与机械系统的配合十分密切，其电气线路的正常工作往往与机械系统的正常工作是分不开的，这就是铣床电气控制线路的特点。正确判断是电气还是机械故障和熟悉机电部分配合情况，是迅速排除电气故障的关键。这就要求维修电工不仅要熟悉电气控制线路的工作原理，而且还要熟悉有关机械系统的工作原理及机床操作方法。

机床电气的故障不是千篇一律的，所以在维修中，不可生搬硬套，而应采用理论与实践相结合的灵活处理方法。在实际检查时，还必须考虑到由于机械磨损或移位使操纵失灵等因素，若发现此类故障原因，应与机修钳工互相配合进行修理。

3. 交付验收

（1）为什么要对维修后的 X62W 型万能铣床进行验收（验收的目的、意义）？

（2）试复述验收 X62W 型万能铣床的具体过程。

（3）在交付验收时，应提交哪些资料？资料交给谁？

（4）应如何按电工作业规程完成施工后的场地清理工作？

（5）按要求正确填写维修任务单的维修资料栏。

# 学习活动 5　工作总结与评价

## 学习目标

- 能采用多种形式进行成果展示。
- 能正确、规范地撰写工作总结。
- 能有效进行工作反馈与经验交流。

建议学时：4 学时

## 学习过程

1．以小组为单位，选择演示文稿、展板、海报、录像等形式中的一种或几种，向全班展示、汇报学习成果。

2．通过本任务的学习，你有哪些收获?

3．在本任务的学习过程中，你觉得哪些方面存在不足？主要问题是什么?

4. 正确撰写工作总结，并进行交流、汇报。

## 工 作 总 结

## 评价与分析

学习任务一评价表

| 评价项目 | 评价内容 | 评价标准 | 评价方式 | | |
|---|---|---|---|---|---|
| | | | 自我评价 | 小组评价 | 教师评价 |
| 职业素养 | 安全意识、责任意识 | A. 作风严谨、自觉遵章守纪、出色完成工作任务<br>B. 能够遵守规章制度、较好完成工作任务<br>C. 遵守规章制度、没完成工作任务，或完成工作任务但忽视规章制度<br>D. 不遵守规章制度、没完成工作任务 | | | |
| | 学习态度 | A. 积极参与学习活动，全勤<br>B. 缺勤达本任务总学时的 10%<br>C. 缺勤达本任务总学时的 20%<br>D. 缺勤达本任务总学时的 30% | | | |
| | 团队合作意识 | A. 与同学协作融洽、团队合作意识强<br>B. 与同学能沟通、协同工作能力较强<br>C. 与同学能沟通、协同工作能力一般<br>D. 与同学沟通困难、协同工作能力较差 | | | |
| 专业能力 | 学习活动 1 | A. 按时、完整地完成工作页，问题回答正确，工作计划制订合理<br>B. 按时、完整地完成工作页，问题回答基本正确，工作计划制订基本合理<br>C. 未能按时完成工作页，或内容遗漏、错误较多，工作计划制订存在较多问题<br>D. 未完成工作页 | | | |

续表

<table>
<tr><th rowspan="2">评价项目</th><th rowspan="2">评价内容</th><th rowspan="2">评价标准</th><th colspan="3">评价方式</th></tr>
<tr><th>自我评价</th><th>小组评价</th><th>教师评价</th></tr>
<tr><td rowspan="4">专业能力</td><td>学习活动 2</td><td>A. 电气图绘制规范<br>B. 电气图绘制基本规范<br>C. 电气图绘制错误较多<br>D. 未完成电气图的绘制</td><td></td><td></td><td></td></tr>
<tr><td>学习活动 3</td><td>A. 学习活动评价成绩为 90 ~ 100 分<br>B. 学习活动评价成绩为 75 ~ 89 分<br>C. 学习活动评价成绩为 60 ~ 74 分<br>D. 学习活动评价成绩为 0 ~ 59 分</td><td></td><td></td><td></td></tr>
<tr><td>学习活动 4</td><td>A. 通电调试步骤正确，维修记录填写规范，场地清理符合要求<br>B. 通电调试步骤基本正确，维修记录填写基本规范，场地清理基本符合要求<br>C. 通电调试步骤遗漏或顺序混乱，维修记录填写错误、遗漏较多，场地清理不符合要求<br>D. 未完成通电调试，未完成维修记录的填写和场地清理</td><td></td><td></td><td></td></tr>
<tr><td>学习活动 5</td><td>A. 工作总结撰写规范，交流学习效果好<br>B. 工作总结撰写基本规范，交流学习效果一般<br>C. 工作总结撰写不规范，交流学习效果较差<br>D. 未完成工作总结撰写，未完成交流学习</td><td></td><td></td><td></td></tr>
<tr><td colspan="2">创新能力</td><td>学习过程中提出具有创新性、可行性的建议</td><td colspan="3">加分奖励：</td></tr>
<tr><td colspan="2">班级</td><td></td><td>学号</td><td colspan="2"></td></tr>
<tr><td colspan="2">学生姓名</td><td></td><td>综合评价等级</td><td colspan="2"></td></tr>
<tr><td colspan="2">指导教师</td><td></td><td>日期</td><td colspan="2"></td></tr>
</table>

# 综合评价成绩计算说明

综合评价等级可根据自我评价、小组评价、教师评价及加分奖励所得成绩，参考以下方式计算：

A——自我评价总分 + 小组评价总分 + 教师评价总分 + 加分奖励≥90

B——自我评价总分 + 小组评价总分 + 教师评价总分 + 加分奖励≥75

C——自我评价总分 + 小组评价总分 + 教师评价总分 + 加分奖励≥60

D——自我评价总分 + 小组评价总分 + 教师评价总分 + 加分奖励 < 60

其中：

$$自我评价总分 = \frac{(nA + mB + xC + yD)}{n + m + x + y} \times 0.1$$

$$小组评价总分 = \frac{(nA + mB + xC + yD)}{n + m + x + y} \times 0.2$$

$$教师评价总分 = \frac{(nA + mB + xC + yD)}{n + m + x + y} \times 0.7$$

式中 $A = 90$，$B = 75$，$C = 60$，$D = 30$。$n$、$m$、$x$、$y$ 分别为评价表中 $A$、$B$、$C$、$D$ 各等级的数量。

加分奖励为 1 ~ 10 分，由指导教师评定。

# 学习任务二　T68 型镗床控制线路的维修

## 学习目标

1. 能正确理解 T68 型镗床的结构、加工方式和控制要求。

2. 能根据故障现象和控制线路图分析故障原因，准确判断故障范围，查找故障点，采用合理的方法排除故障。

3. 能正确调试设备。

4. 能按照作业规程对设备进行维护、保养。

5. 能按照企业管理制度，正确填写维修记录并归档，为后续维修提供参考资料。

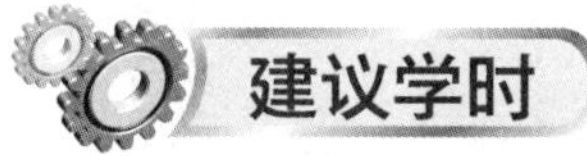

## 建议学时

30 学时

## 工作情境描述

接某车间操作工报告，该车间 T68 型镗床发生故障（资料齐全，该镗床的电气原理图如下图所示）。由电工班与钳工班共同对设备进行维修，电工班负责使电气部分工作正常，达到运行要求，经验收合格后交付使用。

## 工作流程与活动

1. 明确工作任务，认知维修对象（10 学时）
2. 故障分析与排除（8 学时）
3. 通电调试与交付验收（8 学时）
4. 工作总结与评价（4 学时）

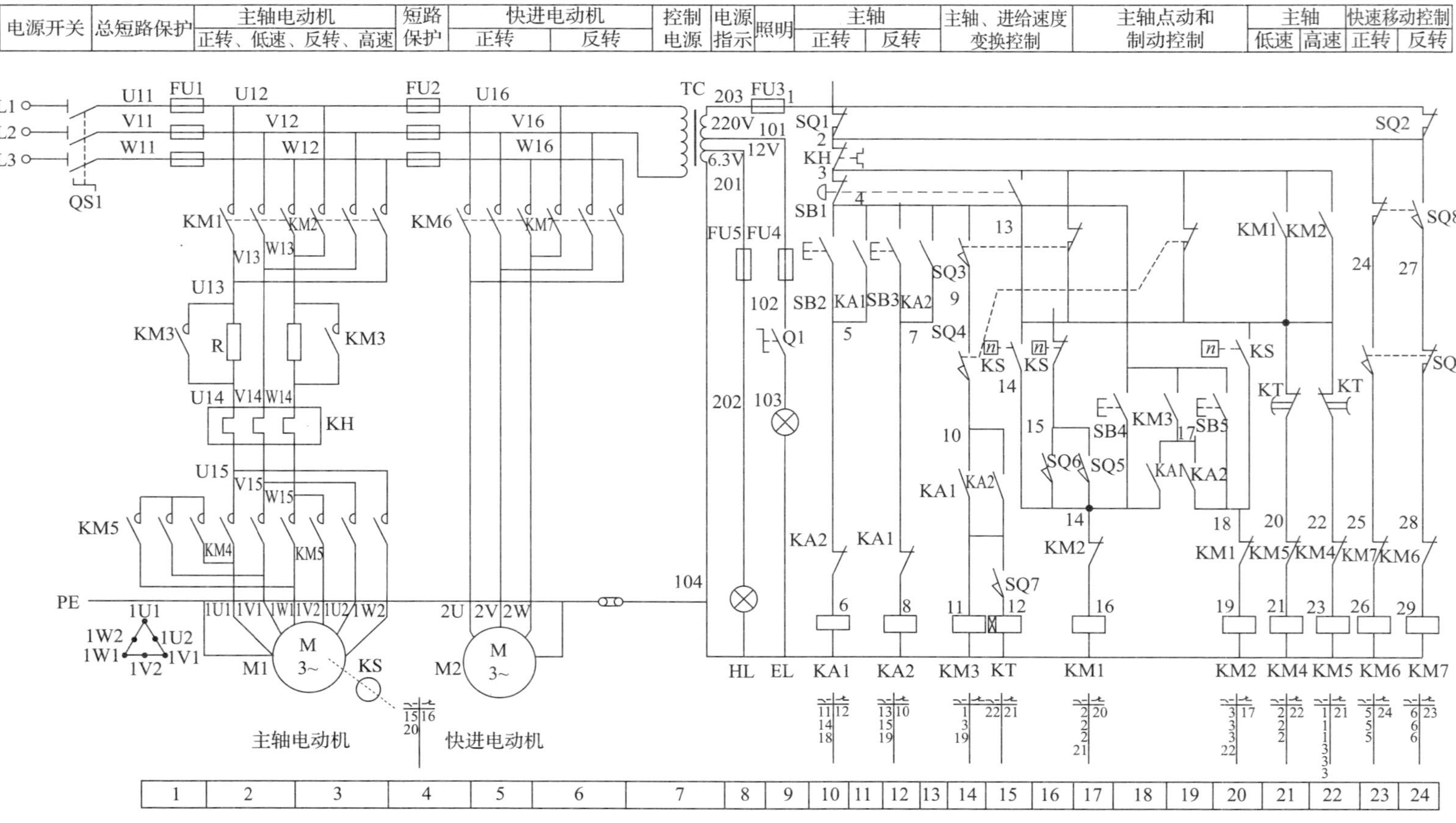


T68型卧式镗床电气原理图

# 学习活动 1　明确工作任务，认知维修对象

## 学习目标

- 能读懂 T68 型镗床故障维修任务单，并复述工作任务。
- 能通过调研了解故障情况。
- 能理解 T68 型镗床的结构、加工过程和控制要求。
- 能根据维修任务要求，制订小组工作计划。

建议学时：10 学时

## 学习过程

1. 阅读维修任务单，明确工作任务。

维修任务单

No：　　　　　　　　　　　　　　　　　　　　　　　　　编号：

<table>
<tr><td colspan="4">用户资料栏</td></tr>
<tr><td>用户部门</td><td>校办工厂机加工车间</td><td>联系人</td><td></td></tr>
<tr><td>购买日期</td><td></td><td>联系电话</td><td></td></tr>
<tr><td>产品型号</td><td>T68 型镗床</td><td>机身号</td><td></td></tr>
<tr><td>报修日期</td><td colspan="3">2012. 04. 12</td></tr>
<tr><td>故障现象</td><td colspan="3">主动电动机可点动，但不可以连续运行（各校也可根据自身情况进行调整）</td></tr>
<tr><td>维修要求</td><td colspan="3">要求在两周内完成此维修任务</td></tr>
<tr><td colspan="4">维修资料栏</td></tr>
<tr><td rowspan="2">维修内容</td><td>故障现象</td><td colspan="2"></td></tr>
<tr><td>维修情况</td><td colspan="2"></td></tr>
</table>

续表

<table>
<tr><td rowspan="7">维修内容</td><td rowspan="6">元件更换情况</td><td>元件编码</td><td>元件名称</td><td>单位</td><td>数量</td><td>金额</td><td>备注</td></tr>
<tr><td></td><td></td><td></td><td></td><td></td><td rowspan="5"></td></tr>
<tr><td></td><td></td><td></td><td></td><td></td></tr>
<tr><td></td><td></td><td></td><td></td><td></td></tr>
<tr><td></td><td></td><td></td><td></td><td></td></tr>
<tr><td></td><td></td><td></td><td></td><td></td></tr>
<tr><td>维修结果</td><td colspan="6"></td></tr>
</table>

执行部门：　　　　　　　　维修员：　　　　　　　　签收人：

（1）本维修任务单的主要工作对象是什么？具体工作内容是什么？

（2）该项维修任务要求多长时间完成？

2．了解 T68 型镗床的用途、结构、特点及工作过程。

（1）T68 型卧式镗床的主要用途是什么？

（2）根据 T68 型卧式镗床结构示意图，查阅相关资料，简述其主要由哪几部分组成。

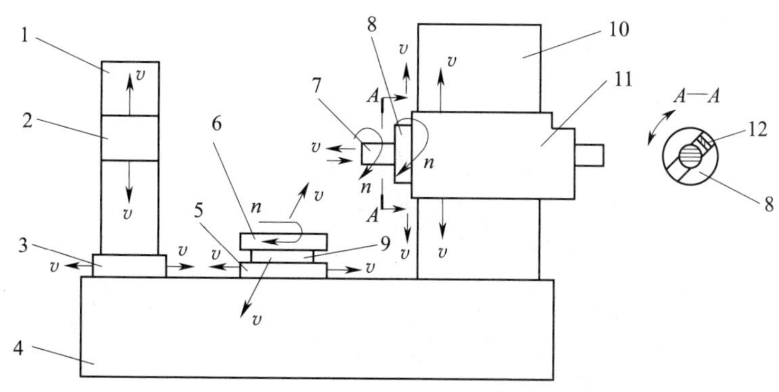


T68 型卧式镗床结构示意图

（3）什么是 T68 型卧式镗床的主运动、进给运动和辅助运动？

（4）T68 型卧式镗床的主轴电动机转速是否可以改变？如果能，是如何改变的？主轴电动机如何接线？高低速的转换由哪个元器件控制？

（5）T68 型卧式镗床的主轴变速和进给变速分别是由哪几个元器件控制的?

（6）结合 T68 型卧式镗床电气原理图，简述主轴电动机的低速启动控制过程。

（7）简述 T68 型卧式镗床主轴电动机的正转和反转启动过程。

（8）简述 T68 型卧式镗床主轴电动机在正转运行时的反接制动过程。

(9) 简述 T68 型卧式镗床主轴电动机高、低速的转换控制过程。

(10) 简述 T68 型卧式镗床主轴变速控制过程。

(11) T68 型卧式镗床的主轴箱、工作台和主轴的轴向进给是如何快速移动的?

(12) T68 型卧式镗床的主轴进给和工作台的进给可以同时进行吗? 为什么?

3. 制订维修工作计划。

（1）进行维修时需要哪些工具和材料?

（2）维修时要注意哪些问题? 人身及设备安全应如何保障?

（3）进行人员分工，并填写分工记录表。

分工记录表

| 序号 | 姓名 | 分工 |
|---|---|---|
| | | |
| | | |
| | | |
| | | |
| | | |
| | | |

（4）填写工序及工期安排记录表。

工序及工期安排记录表

| 序号 | 工作内容 | 完成时间 | 备注 |
|---|---|---|---|
| | | | |
| | | | |
| | | | |
| | | | |
| | | | |
| | | | |
| | | | |
| | | | |

# 学习活动 2　故障分析与排除

## 学习目标

- 能说出 T68 型镗床中电气元器件的具体位置。
- 能根据具体的故障现象，按 T68 型镗床电气原理图进行分析，指出产生故障的可能原因和存在的区域，做针对性检查，并制订正确的维修方案，以正确的步骤查找故障点、排除故障。
- 能正确使用测试工具和仪表。
- 能养成安全规范操作、文明生产的行为习惯。

建议学时：8 学时

## 学习过程

1．分析故障原因，确认故障范围。

（1）写出你所做的故障调查内容。

（2）根据你所做的故障调查内容（故障现象和操作者所介绍的情况），对照电路原理图，对产生故障的可能原因和所涉及的电路部分进行分析并做出初步判断，简要叙述分析过程。

2. 完成故障调查且对故障原因进行分析后，小组讨论制订出正确、可行的维修方案。

3. 你采用了什么检测方法来确定 T68 型镗床控制电路的故障点？通过检查，本任务的故障点在哪里？

4. 在确认了故障点后，应该采用什么方法修复故障?

5. 查阅资料，分析产生以下故障现象的原因。

（1）主轴电动机不能进行正反转点动控制的原因是什么?

（2）主轴电动机正转点动、反转点动正常，但不能正反转运转，试分析故障原因。

（3）主轴电动机正转能启动，但不能连续运行，试分析故障原因。

（4）主轴电动机能停车但不能进行反接制动，可能的原因有哪些？

（5）主轴电动机在经过拆卸、检修和安装后，点动、低速正反转及低速反接制动均正常，但主轴电动机高、低速切换时转向相反，且在高速运行时，按下停止按钮不能停车，可能的原因有哪些？

（6）主轴不能快速进给，可能的故障点在哪些地方？

6. 按下表进行维修考核及成绩评定。

学生姓名：　　　　小组成员：　　　　带队教师：

| 项目内容 | 评分标准 | | 得分 |
|---|---|---|---|
| 故障分析（30 分） | 1. 标不出最小故障范围或标错，每个故障点扣 15 分 | | |
| | 2. 故障分析思路不清楚，每个故障点扣 5 ~ 10 分 | | |
| 排除故障（70 分） | 1. 不能排除故障点，每个故障点扣 35 分 | | |
| | 2. 扩大故障范围或产生新的故障后，不能自行修复，每个故障点扣 35 分 | | |
| | 3. 损坏工具或元器件，扣 70 分 | | |
| | 4. 排除故障方法不正确，每个故障扣 10 分 | | |
| 文明生产 | 违反安全生产的规定扣 10 ~ 70 分 | | |
| 工时 | 1 h | 每超过 5 min 扣 10 分 | |
| 合计 | | | |

# 学习活动 3　通电调试与交付验收

## 学习目标

- 能严格遵守通电调试的安全规程。
- 能制订调试方案，并按照通电试车的步骤进行通电试车。
- 能正确填写维修记录，并交付验收。
- 能按电工作业规程完成施工后的场地清理工作。
- 能整理文件资料并归档。

建议学时：8 学时

## 学习过程

1．T68 型镗床维修后，进行通电调试前，应该做哪些安全准备工作？

2. 在通电调试前，应该对哪些元器件进行检查?

3. 在通电调试前，应该对哪些元器件或部位进行绝缘电阻测试? 写出测试数据并判断是否合格。

4. 在通电试车前还有哪些工作需要准备?

5. 小组讨论制订通电调试方案，并将调试项目、内容和测试值填写在下表中。

通电调试记录表

| 序号 | 调试项目 | 调试内容 | 测试值 | 是否合格 |
| --- | --- | --- | --- | --- |
| 1 | | | | |
| 2 | | | | |
| 3 | | | | |
| 4 | | | | |
| 5 | | | | |
| 6 | | | | |
| 7 | | | | |

6. 在调试过程中遇到了哪些问题？是如何解决的？

7. 为什么要对维修后的 T68 型卧式镗床进行验收（验收的目的、意义）？

8. 试复述验收 T68 型卧式镗床的具体过程。

9. 在交付验收时，应提交哪些资料？资料交给谁？

10. 按要求正确填写维修任务单的维修资料栏。

# 学习活动 4　工作总结与评价

## 学习目标

- 能采用多种形式进行成果展示。
- 能正确、规范地撰写工作总结。
- 能有效进行工作反馈与经验交流。

建议学时：4 学时

## 学习过程

1. 以小组为单位，选择演示文稿、展板、海报、录像等形式中的一种或几种，向全班展示、汇报学习成果。

2. 明确工作任务时遇到了什么问题？是如何解决的？

3. 制订工作计划时，列举的工具和材料清单是否完整？若不完整，写出遗漏的工具和材料，并简述遗漏原因。

4. 如果想对控制电路进行透彻分析，应从哪些方面入手?

5. 在分析控制电路图时遇到了什么困难? 是如何解决的? 有哪些收获?

6. 在分析故障原因时，走了哪些弯路? 试简述心得体会。

7. 通电试车时遇到了什么问题? 是如何解决的?

8. 正确撰写工作总结，并进行交流、汇报。

## 工 作 总 结

## 评价与分析

学习任务二评价表

<table>
<tr><th rowspan="2">评价项目</th><th rowspan="2">评价内容</th><th rowspan="2">评价标准</th><th colspan="3">评价方式</th></tr>
<tr><th>自我评价</th><th>小组评价</th><th>教师评价</th></tr>
<tr><td rowspan="3">职业素养</td><td>安全意识、责任意识</td><td>A. 作风严谨、自觉遵章守纪、出色完成工作任务<br>B. 能够遵守规章制度、较好完成工作任务<br>C. 遵守规章制度、没完成工作任务，或完成工作任务但忽视规章制度<br>D. 不遵守规章制度、没完成工作任务</td><td></td><td></td><td></td></tr>
<tr><td>学习态度</td><td>A. 积极参与学习活动，全勤<br>B. 缺勤达本任务总学时的 10%<br>C. 缺勤达本任务总学时的 20%<br>D. 缺勤达本任务总学时的 30%</td><td></td><td></td><td></td></tr>
<tr><td>团队合作意识</td><td>A. 与同学协作融洽、团队合作意识强<br>B. 与同学能沟通、协同工作能力较强<br>C. 与同学能沟通、协同工作能力一般<br>D. 与同学沟通困难、协同工作能力较差</td><td></td><td></td><td></td></tr>
<tr><td rowspan="2">专业能力</td><td>学习活动 1</td><td>A. 按时、完整地完成工作页，问题回答正确，工作计划制订合理<br>B. 按时、完整地完成工作页，问题回答基本正确，工作计划制订基本合理<br>C. 未能按时完成工作页，或内容遗漏、错误较多，工作计划制订存在较多问题<br>D. 未完成工作页</td><td></td><td></td><td></td></tr>
<tr><td>学习活动 2</td><td>A. 学习活动评价成绩为 90 ~ 100 分<br>B. 学习活动评价成绩为 75 ~ 89 分<br>C. 学习活动评价成绩为 60 ~ 74 分<br>D. 学习活动评价成绩为 0 ~ 59 分</td><td></td><td></td><td></td></tr>
</table>

续表

<table>
<tr><th rowspan="2">评价项目</th><th rowspan="2">评价内容</th><th rowspan="2">评价标准</th><th colspan="3">评价方式</th></tr>
<tr><th>自我评价</th><th>小组评价</th><th>教师评价</th></tr>
<tr><td rowspan="2">专业能力</td><td>学习活动 3</td><td>A. 通电调试步骤正确，维修记录填写规范，场地清理符合要求<br>B. 通电调试步骤基本正确，维修记录填写基本规范，场地清理基本符合要求<br>C. 通电调试步骤遗漏或顺序混乱，维修记录填写错误、遗漏较多，场地清理不符合要求<br>D. 未完成通电调试，未完成维修记录的填写和场地清理</td><td></td><td></td><td></td></tr>
<tr><td>学习活动 4</td><td>A. 工作总结撰写规范，交流学习效果好<br>B. 工作总结撰写基本规范，交流学习效果一般<br>C. 工作总结撰写不规范，交流学习效果较差<br>D. 未完成工作总结撰写，未完成交流学习</td><td></td><td></td><td></td></tr>
<tr><td colspan="2">创新能力</td><td>学习过程中提出具有创新性、可行性的建议</td><td colspan="3">加分奖励：</td></tr>
</table>

<table>
<tr><td>班级</td><td></td><td>学号</td><td></td></tr>
<tr><td>学生姓名</td><td></td><td>综合评价等级</td><td></td></tr>
<tr><td>指导教师</td><td></td><td>日期</td><td></td></tr>
</table>

# 学习任务三　X62W 型铣床控制线路的改造

## 学习目标

1. 熟悉 X62W 型铣床的结构、电气元器件的安装位置和安装方法。

2. 能准确理解 X62W 型铣床对控制线路的要求。

3. 能根据 X62W 型铣床控制线路的改造要求，正确选择 PLC、编写地址表和绘制接线图。

4. 能根据控制要求编写程序，并仿真调试。

5. 能对安装后的铣床进行通电调试。

6. 能编写电气部分的常见故障对照表。

7. 能正确整理文件资料。

## 建议学时

50 学时

## 工作情境描述

校办工厂机加工车间有一台铣床（型号：X62W）经常发生故障，经检查确认，控制线路严重老化，车间领导决定用 PLC 对此机床进行改造。改造任务由电工班负责。改造后，经验收合格方可交付使用。

## 工作流程与活动

1. 制订改造方案和工作计划（10 学时）

2. 绘制电气图（8 学时）

3. 实施改造（12 学时）
4. 编制、下载程序（6 学时）
5. 通电调试与交付验收（10 学时）
6. 工作总结与评价（4 学时）

# 学习活动 1 制订改造方案和工作计划

## 学习目标

- 能读懂 X62W 型铣床控制线路改造任务单，准确理解改造任务及要求。
- 了解铣床的结构和加工过程。
- 能准确理解铣床对控制线路的要求，并能根据控制要求确定 PLC 的点数及型号。

建议学时：10 学时

## 学习过程

1. 阅读设备改造任务单，明确任务要求。

设备改造任务单

No： 编号：

<table>
<tr><td colspan="4">用户资料栏</td></tr>
<tr><td>用户单位</td><td>校办工厂机加工车间</td><td>联系人</td><td></td></tr>
<tr><td>购买日期</td><td></td><td>联系电话</td><td></td></tr>
<tr><td>产品型号</td><td>X62W 型铣床</td><td>机身号</td><td></td></tr>
<tr><td>改造日期</td><td colspan="3"></td></tr>
<tr><td>故障原因</td><td colspan="3">年久失修，控制线路严重老化</td></tr>
<tr><td>改造要求</td><td colspan="3">用 PLC 技术取代原有的继电控制技术，根据机床对控制线路的要求，设计控制线路图。编写 PLC 程序，并安装好。要求在两周内完成此维修任务</td></tr>
</table>

续表

<table>
<tr><td colspan="8">维修资料栏</td></tr>
<tr><td rowspan="9">改造内容</td><td>故障现象</td><td colspan="6">线路严重老化，无法正常工作</td></tr>
<tr><td>改造情况</td><td colspan="6"></td></tr>
<tr><td rowspan="6">元件更换情况</td><td>元件编码</td><td>元件名称</td><td>单位</td><td>数量</td><td>金额</td><td>备注</td></tr>
<tr><td></td><td></td><td></td><td></td><td></td><td rowspan="5"></td></tr>
<tr><td></td><td></td><td></td><td></td><td></td></tr>
<tr><td></td><td></td><td></td><td></td><td></td></tr>
<tr><td></td><td></td><td></td><td></td><td></td></tr>
<tr><td></td><td></td><td></td><td></td><td></td></tr>
<tr><td>维修结果</td><td colspan="6"></td></tr>
</table>

执行部门： 维修员： 签收人：

（1）用文字具体描述该项工作的内容及要求。

（2）维修人员应怎样明确维修开始时间与完成时间？

(3) 简述常用机床改造的基本方法及技巧。

2. 铣床对控制线路有哪些要求?

3. 通过小组讨论，制订 X62W 型铣床控制线路改造的工作计划。

4. 控制方案的选择。

根据任务单的要求，采用 PLC 控制方式。试根据铣床对控制功能的要求和对原有继电控制线路的分析，确定 PLC 的点数及型号。

（1）完成 PLC 输入输出点数记录表的填写。

**PLC 输入输出点数记录表**

| 输入点数 | | | | | | | | 输出点数 | | | |
|---|---|---|---|---|---|---|---|---|---|---|---|
| 1 | SB1 | 6 | SB6 | 11 | SQ5 | 16 | KH1 | 1 | KM1 | 6 | YC1 |
| 2 | SB2 | 7 | SQ1 | 12 | SQ6 | 17 | KH2 | 2 | KM2 | 7 | EL |
| 3 | SB3 | 8 | SQ2 | 13 | SA1 | 18 | KH3 | 3 | KM3 | 8 | |
| 4 | SB4 | 9 | SQ3 | 14 | SA2 | 19 | | 4 | KM4 | 9 | |
| 5 | SB5 | 10 | SQ4 | 15 | SA3 | 20 | | 5 | KM | 10 | |

注：KM2 用于驱动 YC2 及 YC3。

（2）实际选择 PLC 时，需要满足哪些要求？你计划选择什么型号的 PLC？

（3）根据你选择的 PLC，填写控制系统输入输出地址分配表。

控制系统输入输出地址分配表

| 序号 | 地址 | 名称 | 功能说明 |
|---|---|---|---|
| 输入量 | | | |
| 1 | | | |
| 2 | | | |
| 3 | | | |
| 4 | | | |
| 5 | | | |
| 6 | | | |
| 7 | | | |
| 8 | | | |
| 9 | | | |
| 10 | | | |
| 11 | | | |

续表

| 序号 | 地址 | 名称 | 功能说明 |
| --- | --- | --- | --- |
| 12 | | | |
| 13 | | | |
| 14 | | | |
| 15 | | | |
| 16 | | | |
| 17 | | | |
| 18 | | | |
| 输出量 | | | |
| 1 | | | |
| 2 | | | |
| 3 | | | |
| 4 | | | |
| 5 | | | |
| 6 | | | |
| 7 | | | |
| 8 | | | |

# 学习活动 2 绘制电气图

## 学习目标

- 能按改造项目的要求绘制（设计）元器件安装位置图和接线图。

建议学时：8 学时

## 学习过程

1. 根据背板的大小，绘制元器件的安装位置图。

2．绘制接线图（主电路接线图和 PLC 接线图）。

（1）主电路接线图

（2）PLC 接线图

3. 在 PLC 接线图中，2 个停止按钮和 3 个过载保护在 PLC 的输入端用的都是常闭触点，如果用常开触点是否可以？两者有何不同，哪种方式更好？

# 学习活动3　实 施 改 造

## 学习目标

- 能正确选择并准备所需的安装工具。
- 能正确选择元器件并确认元器件的好坏。
- 能根据机床电气系统的安装标准和安全操作规范完成铣床控制电路和主电路的安装。
- 能团队协作，共同完成安装。

建议学时：12 学时

## 学习过程

1．准备工作

（1）根据原有元器件和改造所需元器件，列出元器件清单（包括元器件、导线、端子和线槽等）。

（2）给出所需的电工工具清单。

2. 实施改造

按照机床电气系统的安装标准和安全操作规范，完成下列任务。

（1）拆除原有的旧线路，并记录在拆除原有旧线路过程中遇到的问题，以及解决问题的方法。

（2）根据元器件位置图，在背板上定位、划线，安装所需的元器件，并记录在安装过程中遇到的问题，以及解决问题的方法。

（3）根据各按钮、开关和执行元件的实际位置，放线并做好线号标记。

（4）完成铣床控制电路和主电路的安装，并记录在安装过程中遇到的问题，以及解决问题的方法。

（5）检查接线是否符合安装标准和规范，并做好记录。

# 学习活动4　编制、下载程序

## 学习目标

- 能根据铣床对控制线路的要求，编制控制程序。
- 能将程序下载到PLC。
- 能对控制程序进行仿真，验证其是否满足控制要求。

建议学时：6学时

## 学习过程

1. 根据控制要求，编写控制程序（梯形图、注释）。

2. 下载程序到 PLC。

3. 对所编程序进行仿真，验证其是否满足控制要求（仿真过程不带负载，只验证控制逻辑是否正确、安全可靠）。

（1）仿真步骤：

（2）仿真记录：

（3）结果分析：

（4）结论（如不能满足控制要求，修改程序）：

# 学习活动 5　通电调试与交付验收

## 学习目标

- 能对安装后的铣床进行通电调试。
- 能编写电气部分的常见故障对照表。
- 能正确填写改造记录，并交付验收。
- 能按电工作业规程完成施工后的场地清理工作。
- 能整理文件资料并归档。

建议学时：10 学时

## 学习过程

1. 调试

（1）连接负载并检查接线是否正确、符合规范。

检查记录：________________________________________

________________________________________

________________________________________

________________________________________

________________________________________

（2）通电逐点测试电动机旋转方向是否正确，若有问题则调整。

检查记录表

| M1 | M2 | M3 |
| --- | --- | --- |
|  |  |  |

（3）控制功能测试

1）启动、停止功能的测试。

检查记录表

| 启动 1 | 停止 1 | 启动 2 | 停止 2 |
|---|---|---|---|
| | | | |

2）保护功能的测试。

检查记录表

| KH1 | KH2 | KH3 |
|---|---|---|
| | | |

3）工作台移动功能的测试。

检查记录表

| 上 | 下 | 前 | 后 | 左 | 右 |
|---|---|---|---|---|---|
| | | | | | |

4）互锁功能的测试。

检查记录：________________________________________

________________________________________________

________________________________________________

5）主轴冲动、工作台冲动功能的测试。

检查记录：________________________________________

________________________________________________

________________________________________________

6）主轴制动、工作台正常速度进给和快速进给功能的测试。

| YC1 | YC2 | YC3 |
|---|---|---|
| | | |

7）照明功能的测试。

检查记录：________________________________________

________________________________________________

8）其他功能的测试。

检查记录：

（4）对调试结果进行分析，并得出结论。

2. 编写电气部分的常见故障对照表。

电气部分的常见故障对照表

<table>
<tr><th>序号</th><th>故障现象</th><th>输入信号</th><th>正确状态</th><th colspan="2">故障原因</th><th>备注</th></tr>
<tr><td rowspan="8">1</td><td rowspan="8">按下 SB1（启动 1）时，主轴不能启动</td><td>X14</td><td>－</td><td>＋</td><td>换刀状态，操作错误</td><td rowspan="8">＋：有信号输入和输出<br>－：无信号输入</td></tr>
<tr><td>X34</td><td>＋</td><td>－</td><td>M1 过载保护动作</td></tr>
<tr><td>X36</td><td>＋</td><td>－</td><td>M2 过载保护动作</td></tr>
<tr><td>X0</td><td>＋</td><td>－</td><td>启动信号没输入</td></tr>
<tr><td>X4</td><td>＋</td><td>－</td><td>停止 1 按钮动作</td></tr>
<tr><td>X10</td><td>＋</td><td>－</td><td>停止 2 按钮动作</td></tr>
<tr><td>X30</td><td>－</td><td>＋</td><td>冲动动作中，操作错误</td></tr>
<tr><td>Y15</td><td>＋</td><td>－</td><td>无输出信号</td></tr>
<tr><td rowspan="8">2</td><td rowspan="8">按下 SB2（启动 2）时，主轴不能启动</td><td>X14</td><td>－</td><td>＋</td><td>换刀状态，操作错误</td><td rowspan="8">—</td></tr>
<tr><td>X34</td><td>＋</td><td>－</td><td>M1 过载保护动作</td></tr>
<tr><td>X36</td><td>＋</td><td>－</td><td>M2 过载保护动作</td></tr>
<tr><td>X6</td><td>＋</td><td>－</td><td>启动信号没输入</td></tr>
<tr><td>X4</td><td>＋</td><td>－</td><td>停止 1 按钮动作</td></tr>
<tr><td>X10</td><td>＋</td><td>－</td><td>停止 2 按钮动作</td></tr>
<tr><td>X30</td><td>－</td><td>＋</td><td>冲动动作中，操作错误</td></tr>
<tr><td>Y15</td><td>＋</td><td>－</td><td>无输出信号</td></tr>
</table>

续表

| 序号 | 故障现象 | 输入信号 | 正确状态 | 故障原因 | 备注 |
|---|---|---|---|---|---|
| 3 | 按停止 1 按钮，不能停车 | X4<br>X30<br>Y15 | –<br>–<br>– | + 按钮不动作，或 PLC 输入端 X4 短路<br>+ 冲动动作中，操作错误<br>+ 输出继电器触点熔焊，不能断开 | — |
| 4 | | | | | |
| 5 | | | | | |
| 6 | | | | | |
| 7 | | | | | |
| 8 | | | | | |

续表

| 序号 | 故障现象 | 输入信号 | 正确状态 | 故障原因 | 备注 |
| --- | --- | --- | --- | --- | --- |
| 9 | | | | | |
| 10 | | | | | |
| 11 | | | | | |
| 12 | | | | | |
| 13 | | | | | |
| 14 | | | | | |

3. 整理文件资料。

X62W 型铣床控制线路改造完成后，在交付验收时，应提交文件目录、元器件位置图、主电路接线图、PLC 接线图、电气部分的常见故障对照表、PLC 地址分配表、PLC 程序清单及注释等文件资料。

4. 填写任务单的验收项目，并交付验收。

# 学习活动6　工作总结与评价

## 学习目标

- 能采用多种形式进行成果展示。
- 能正确、规范地撰写工作总结。
- 能有效进行工作反馈与经验交流。

建议学时：4学时

## 学习过程

1. 以小组为单位，选择演示文稿、展板、海报、录像等形式中的一种或几种，向全班展示、汇报学习成果。

2. 绘制PLC接线图时，遇到过哪些问题？是如何解决的？

3. 编制控制程序时遇到了什么困难？是怎样克服的？

4. 正确撰写工作总结，并进行交流、汇报。

## 工作总结

## 评价与分析

学习任务三评价表

| 评价项目 | 评价内容 | 评价标准 | 评价方式 | | |
|---|---|---|---|---|---|
| | | | 自我评价 | 小组评价 | 教师评价 |
| 职业素养 | 安全意识、责任意识 | A. 作风严谨、自觉遵章守纪、出色完成工作任务<br>B. 能够遵守规章制度、较好完成工作任务<br>C. 遵守规章制度、没完成工作任务，或完成工作任务但忽视规章制度<br>D. 不遵守规章制度、没完成工作任务 | | | |
| | 学习态度 | A. 积极参与学习活动，全勤<br>B. 缺勤达本任务总学时的10%<br>C. 缺勤达本任务总学时的20%<br>D. 缺勤达本任务总学时的30% | | | |
| | 团队合作意识 | A. 与同学协作融洽、团队合作意识强<br>B. 与同学能沟通、协同工作能力较强<br>C. 与同学能沟通、协同工作能力一般<br>D. 与同学沟通困难、协同工作能力较差 | | | |
| 专业能力 | 学习活动1 | A. 按时、完整地完成工作页，问题回答正确，工作计划制订合理<br>B. 按时、完整地完成工作页，问题回答基本正确，工作计划制订基本合理<br>C. 未能按时完成工作页，或内容遗漏、错误较多，工作计划制订存在较多问题<br>D. 未完成工作页 | | | |

续表

| 评价项目 | 评价内容 | 评价标准 | 评价方式 | | |
|---|---|---|---|---|---|
| | | | 自我评价 | 小组评价 | 教师评价 |
| 专业能力 | 学习活动 2 | A. 电气图绘制规范<br>B. 电气图绘制基本规范<br>C. 电气图绘制错误较多<br>D. 未完成电气图的绘制 | | | |
| | 学习活动 3 | A. 元器件和工具选用合理，熟练、规范地完成电路的安装，安全防护到位<br>B. 元器件和工具选用基本合理，较顺利地完成电路的安装，安全防护基本到位<br>C. 元器件和工具选用不当、遗漏较多，电路安装中遇到问题较多，安全防护漏洞较多<br>D. 未完成电路安装，未做安全防护工作 | | | |
| | 学习活动 4 | A. 程序编写合理，功能完整，仿真过程准确，满足控制要求<br>B. 程序编写基本合理，功能较完整，仿真过程较准确，基本满足控制要求<br>C. 程序存在较多问题，仿真过程与控制要求相差较大<br>D. 未完成程序的编写 | | | |
| | 学习活动 5 | A. 通电调试步骤正确，故障对照表填写正确、完整，验收资料齐全<br>B. 通电调试步骤基本正确，故障对照表填写基本正确，验收资料基本齐全<br>C. 通电调试步骤遗漏或顺序混乱，故障对照表填写错误、遗漏较多，验收资料缺较多<br>D. 未完成通电调试，未完成故障对照表的填写，未提交验收资料 | | | |

续表

| 评价项目 | 评价内容 | 评价标准 | 评价方式 | | |
|---|---|---|---|---|---|
| | | | 自我评价 | 小组评价 | 教师评价 |
| 专业能力 | 学习活动 6 | A. 工作总结撰写规范，交流学习效果好<br>B. 工作总结撰写基本规范，交流学习效果一般<br>C. 工作总结撰写不规范，交流学习效果较差<br>D. 未完成工作总结撰写，未完成交流学习 | | | |
| 创新能力 | | 学习过程中提出具有创新性、可行性的建议 | 加分奖励： | | |
| 班级 | | | 学号 | | |
| 学生姓名 | | | 综合评价等级 | | |
| 指导教师 | | | 日期 | | |

# 学习任务四　三段皮带运输机控制方案的设计、系统安装及调试

## 学习目标

1. 能正确理解皮带运输机的结构、控制要求。
2. 能合理选择皮带运输机的控制方式，并绘制电气原理图。
3. 能正确选择元器件。
4. 能正确安装电气控制线路并调试。
5. 能编写电气部分的常见故障对照表。
6. 能正确整理文件资料。

60 学时

## 工作情境描述

某炼焦化学厂备煤精煤运输系统采用皮带运输煤炭，由于生产需要，煤炭从低处运往高处，根据输送带的宽度、带速等条件，所选电动机型号为 Y250M－4，功率为 55 kW。由电工班按照控制要求，进行电气控制方案的选择、系统安装及调试，经验收合格后交付使用，维保 1 年。

## 工作流程与活动

1. 设计控制方案，制订工作计划（20 学时）

2. 绘制电气图（12 学时）

3. 系统安装（12 学时）

4. 通电调试与交付验收（12 学时）

5. 工作总结与评价（4 学时）

# 学习活动1　设计控制方案，制订工作计划

## 学习目标

- 能正确理解工作任务单。
- 能正确分析控制要求。
- 能通过小组讨论制订控制方案。
- 能根据控制要求对元器件进行型号选择。

建议学时：20学时

## 学习过程

1．阅读工作任务单，明确任务要求。

工作任务单

年　　月　　日　　　　No. 0006

| 工作任务描述 | 设备名称 | 皮带运输机 | 用途 | 运输煤炭 |
|---|---|---|---|---|
| | 基本结构 | 三段传输带 | 工艺过程 | |
| 控制要求 | 电动机已选择，其型号为Y250M－4，功率为55 kW。皮带运输机控制要求如下：<br>（1）有电源上电指示<br>（2）有允许工作启动控制，总停控制（紧急情况时使用）<br>（3）有允许工作启动指示<br>（4）有皮带全部启动完毕指示<br>（5）有故障报警指示（1—过载，2—皮带跑偏）<br>（6）三段皮带，启动时先启动最末一条皮带电动机，再依次启动其他皮带电动机（顺序启动）；停止时应先停止最前一条皮带电动机，待煤炭运送完毕后再依次停止其他皮带电动机（逆序停止） | | | |

续表

<table>
<tr><td rowspan="2">工作任务描述</td><td>设备名称</td><td>皮带运输机</td><td>用途</td><td>运输煤炭</td></tr>
<tr><td>基本结构</td><td>三段传输带</td><td>工艺过程</td><td></td></tr>
<tr><td>控制要求</td><td colspan="4">（7）要求手动控制实现顺序启动、逆序停止<br>（8）电路采用熔断器作为短路保护<br>（9）电动机过载保护采用热继电器<br>以上第（1）～（5）项要求安装在综合控制室，第（6）、（7）和（9）项安装在各皮带控制柜中，第（8）项根据实际情况安装</td></tr>
<tr><td>工时要求</td><td colspan="4">要求在10个工作日内完成电气控制方案的选择、安装及调试</td></tr>
<tr><td>其他要求</td><td colspan="4"></td></tr>
</table>

注：允许工作启动控制是指在所有保护功能都正常的情况下（无过载，无皮带跑偏，无应急制动等），才允许皮带启动。

（1）本工作任务单主要的工作内容是什么？

（2）本项任务有哪些工作要完成？需要多长时间？

2. 回答相关问题，正确理解控制要求。

（1）设置允许工作启动控制的作用是什么?

（2）总停控制在什么情况下使用?

（3）简述允许工作启动指示和皮带全部启动完毕指示的作用。

（4）为什么要求皮带运输机顺序启动、逆序停止?

（5）电源用什么元器件指示？如何接线？

（6）如何实现在允许工作启动后，再启动三段皮带运输机，并设置允许工作启动指示？

（7）如何手动控制实现顺序启动？

（8）如何手动控制实现逆序停止？

（9）如何实现在任何一条皮带电动机出现故障时报警，并且所用元器件最少（提示：皮带电动机出现机械故障，或人身安全事故的报警）？

（10）试根据工作任务单中的控制要求和以上分析，画出三段皮带运输机的电气原理图。

3. 根据控制要求，制订工作方案。

4. 回答相关问题，完成元器件的选型。

(1) 根据电动机的容量和电路的保护要求，查阅相关手册，选择自动空气开关（电源总开关），并写出其选择过程。

(2) 根据电动机的容量，查阅相关手册，选择单台电动机的熔断器（单台电动机短路保护）、总电路的熔断器（总保护）及控制电路的熔断器（控制电路短路保护），并写出其选择过程。

(3) 根据电动机的容量及过载保护要求，查阅相关手册，选择热继电器，并写出其选择过程。

(4) 根据电动机的容量，查阅相关手册，选择交流接触器，并写出其选择过程。

(5) 根据控制要求，查阅相关手册，选择按钮、指示灯及报警铃等元器件。

(6) 列出三段皮带运输机电气元件明细表。

三段皮带运输机电气元件明细表

| 序号 | 代号 | 名称 | 型号 | 规格 | 数量 | 用途 |
|---|---|---|---|---|---|---|
| 1 | | | | | | |
| 2 | | | | | | |
| 3 | | | | | | |
| 4 | | | | | | |
| 5 | | | | | | |
| 6 | | | | | | |
| 7 | | | | | | |
| 8 | | | | | | |
| 9 | | | | | | |
| 10 | | | | | | |
| 11 | | | | | | |
| 12 | | | | | | |
| 13 | | | | | | |
| 14 | | | | | | |
| 15 | | | | | | |
| 16 | | | | | | |
| 17 | | | | | | |
| 18 | | | | | | |

## 小提示

### 电气控制线路设计原则

电气控制线路的设计应在充分满足生产工艺对控制功能要求的前提下，力求使线路结构简单，工作可靠，动作准确，便于安装、调试及操作、维修方便。

电气设计的一般原则：

1. 控制电器的线圈应接在电源的同一侧。

接触器、继电器以及其他执行电器线圈的一端应统一接在电源的同一侧，使所有元器件的触点接在电源的另一侧，如下图所示。这样当某一电器的触点发生短路故障时，不至于引起电源短路，同时也便于安装和检修接线。

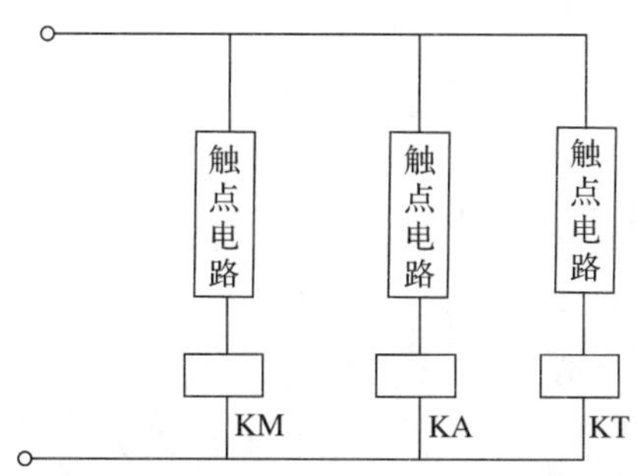


控制电器的线圈接在电源同一侧

2. 交流电器的线圈不能串联使用。

这是因为交流电器线圈的感抗与它的衔铁吸合间隙有关。由于吸合时间很难做到同步，只要一个电器完成了吸合动作，其线圈上的压降就增大，从而使另一电器的线圈达不到所需要的动作电压。具体接法如下：

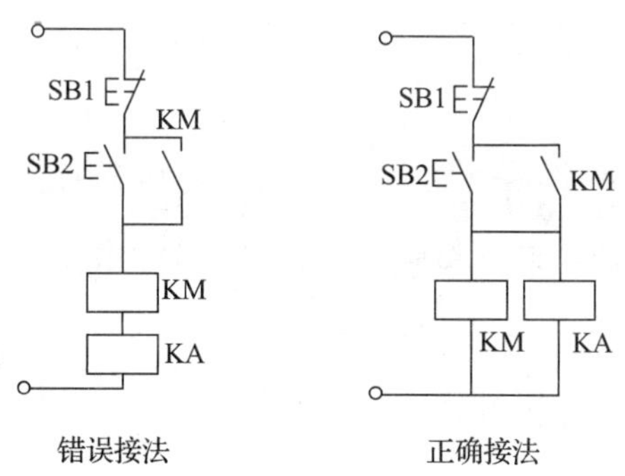


错误接法　　正确接法

3. 尽量避免许多电器依次动作后才能接通另一个电器的现象。

控制线路 1 和控制线路 2 的功能是相同的，但要使 KA4 动作，控制线路 1 需 KA1、KA2 和 KA3 依次动作，而控制线路 2 只需 KA2 动作即可，因此简化了结构，工作起来更为可靠。

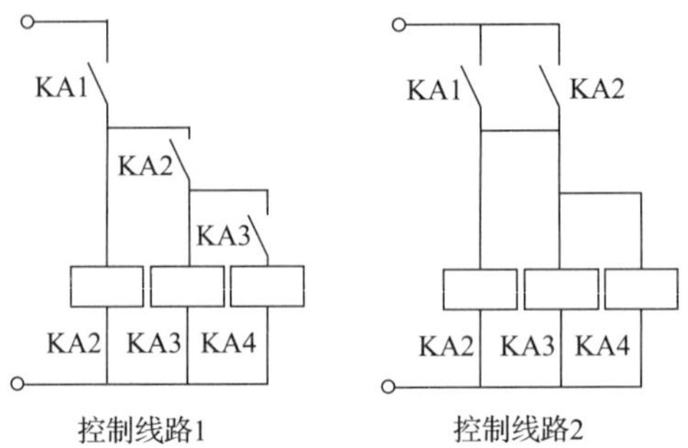

控制线路1　　控制线路2

4. 尽量使控制线路简化。

(1) 尽量减少控制线路中所用控制电器触点的数量。在控制线路中，应尽量减少触点的数量，简化结构，提高线路工作的可靠性。在简化、合并触点的过程中，应注意同类性质触点的合并，一个触点能完成的动作，不用两个触点。合并时要注意触点的额定电流是否允许。下面为触点简化与合并的例子。

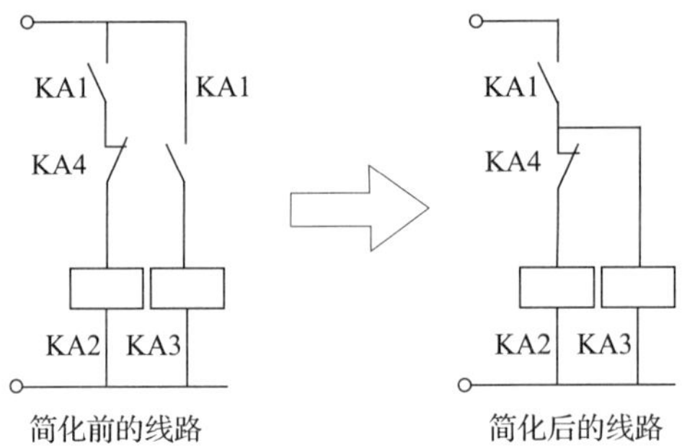

简化前的线路　　简化后的线路

(2) 设计控制线路时应考虑到各个控制线路的实际接线，尽可能减少连接的导线。下面的线路其控制功能是完全相同的，但在实际接线中控制线路 1 会比控制线路 2 少接一条线（因为按钮在操作台，而电器在电器柜中）。控制线路 1 只需向操作台引出三条线即可；而控制线路 2 则必须向操作台引出四条线才能完成控制任务。

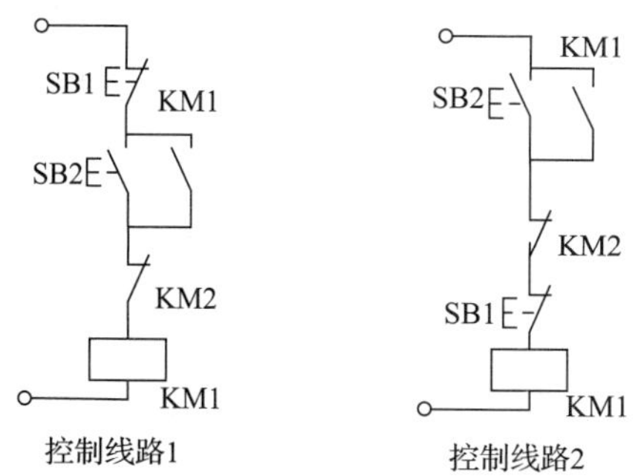

控制线路1　　控制线路2

5. 设计控制线路时，应充分考虑各种关系的自锁、互锁和电气保护，也应考虑机床调试方便和操作安全等事宜。

6. 安全及保护功能需要与电器的常闭触点连接，以确保动作的安全可靠。

# 学习活动 2　绘制电气图

## 学习目标

- 能按任务要求绘制（设计）接线图、电气原理图和元器件安装位置图。

建议学时：12 学时

## 学习过程

1. 绘制三段皮带运输机控制柜的电气元件接线图。

2. 绘制三段皮带运输机的电气原理图。

3. 绘制三段皮带运输机的元器件安装位置图。

# 学习活动3 系 统 安 装

## 学习目标

- 能做好安装准备工作。
- 能严格按照安装规程进行安装。
- 能团队协作，共同完成安装。

建议学时：12 学时

## 学习过程

1. 安装前应做好哪些准备工作?

2. 如果对三段皮带运输机的主电路和控制电路进行安装，需要用到哪些工具?

3. 检测所用元器件的功能是否正常，若不正常，分析其原因。

4. 按照机床电气系统的安装标准和规范进行安装，并填写安装记录表。

安装记录表

| 序号 | 安装项目 | 安装中遇到的问题 | 解决的方法 | 是否按规程安装 | 备注 |
|---|---|---|---|---|---|
| 1 | | | | | |
| 2 | | | | | |
| 3 | | | | | |
| 4 | | | | | |
| 5 | | | | | |
| 6 | | | | | |
| 7 | | | | | |
| 8 | | | | | |
| 9 | | | | | |
| 10 | | | | | |
| 11 | | | | | |
| 12 | | | | | |
| 13 | | | | | |

# 学习活动4　通电调试与交付验收

## 学习目标

- 能严格遵守通电调试的安全规程。
- 能制订调试方案。
- 能团队协作，共同完成调试，并记录调试结果。
- 能正确填写调试记录，并交付验收。
- 能按电工作业规程完成施工后的场地清理工作。
- 能整理文件资料并归档。

建议学时：12 学时

## 学习过程

1. 三段皮带运输机系统通电试车前，应该做哪些安全准备工作?

2. 在通电试车前，应该对哪些元器件进行检查?

3. 在通电试车前，应对哪些元器件或部位进行绝缘电阻测试? 写出测试数据并判断是否合格。

4. 在通电试车前还有哪些工作需要准备?

5. 小组讨论制订通电调试方案，并将调试项目、内容和测试值填写在下表中。

通电调试记录表

| 序号 | 调试项目 | 调试内容 | 测试值 | 是否合格 |
| --- | --- | --- | --- | --- |
| 1 | | | | |
| 2 | | | | |
| 3 | | | | |
| 4 | | | | |
| 5 | | | | |
| 6 | | | | |
| 7 | | | | |
| 8 | | | | |
| 9 | | | | |

6. 调试过程中遇到了哪些问题？是如何解决的？

7. 安装、调试好三段皮带运输机系统后，应交给哪个部门进行验收？在交付验收时，应提交哪些资料？

# 学习活动 5　工作总结与评价

## 学习目标

- 能采用多种形式进行成果展示。
- 能正确、规范地撰写工作总结。
- 能有效进行工作反馈与经验交流。

建议学时：4 学时

## 学习过程

1. 以小组为单位，选择演示文稿、展板、海报、录像等形式中的一种或几种，向全班展示、汇报学习成果。

2. 明确工作任务时遇到了什么问题？是如何解决的？

3. 控制要求中，哪一项比较难实现？是怎么实现的？

4. 列举的工具和材料清单是否完整？若不完整，写出遗漏的工具和材料，并分析遗漏原因。

5. 在选择元器件时遇到了什么困难？是怎么解决的？有哪些收获？

6. 在绘制电路时，有哪些心得体会？

7. 通电试车时遇到了什么问题？是怎么解决的？

8．正确撰写工作总结，并进行交流、汇报。

## 工 作 总 结

## 评价与分析

学习任务四评价表

<table>
<tr><th rowspan="2">评价项目</th><th rowspan="2">评价内容</th><th rowspan="2">评价标准</th><th colspan="3">评价方式</th></tr>
<tr><th>自我评价</th><th>小组评价</th><th>教师评价</th></tr>
<tr><td rowspan="3">职业素养</td><td>安全意识、责任意识</td><td>A. 作风严谨、自觉遵章守纪、出色完成工作任务<br>B. 能够遵守规章制度、较好完成工作任务<br>C. 遵守规章制度、没完成工作任务，或完成工作任务但忽视规章制度<br>D. 不遵守规章制度、没完成工作任务</td><td></td><td></td><td></td></tr>
<tr><td>学习态度</td><td>A. 积极参与学习活动，全勤<br>B. 缺勤达本任务总学时的 10%<br>C. 缺勤达本任务总学时的 20%<br>D. 缺勤达本任务总学时的 30%</td><td></td><td></td><td></td></tr>
<tr><td>团队合作意识</td><td>A. 与同学协作融洽、团队合作意识强<br>B. 与同学能沟通、协同工作能力较强<br>C. 与同学能沟通、协同工作能力一般<br>D. 与同学沟通困难、协同工作能力较差</td><td></td><td></td><td></td></tr>
<tr><td rowspan="2">专业能力</td><td>学习活动 1</td><td>A. 按时、完整地完成工作页，问题回答正确，工作计划制订合理<br>B. 按时、完整地完成工作页，问题回答基本正确，工作计划制订基本合理<br>C. 未能按时完成工作页，或内容遗漏、错误较多，工作计划制订存在较多问题<br>D. 未完成工作页</td><td></td><td></td><td></td></tr>
<tr><td>学习活动 2</td><td>A. 电气图绘制规范<br>B. 电气图绘制基本规范<br>C. 电气图绘制错误较多<br>D. 未完成电气图的绘制</td><td></td><td></td><td></td></tr>
</table>

续表

<table>
<tr><th rowspan="2">评价项目</th><th rowspan="2">评价内容</th><th rowspan="2">评价标准</th><th colspan="3">评价方式</th></tr>
<tr><th>自我评价</th><th>小组评价</th><th>教师评价</th></tr>
<tr><td rowspan="3">专业能力</td><td>学习活动3</td><td>A. 熟练、规范地完成电路的安装<br>B. 较顺利地完成电路的安装<br>C. 电路安装中遇到问题较多<br>D. 未完成电路安装</td><td></td><td></td><td></td></tr>
<tr><td>学习活动4</td><td>A. 通电调试步骤正确，调试记录填写规范，场地清理符合要求<br>B. 通电调试步骤基本正确，调试记录填写基本规范，场地清理基本符合要求<br>C. 通电调试步骤遗漏或顺序混乱，调试记录填写错误、遗漏较多，场地清理不符合要求<br>D. 未完成通电调试，未完成调试记录的填写和场地清理</td><td></td><td></td><td></td></tr>
<tr><td>学习活动5</td><td>A. 工作总结撰写规范，交流学习效果好<br>B. 工作总结撰写基本规范，交流学习效果一般<br>C. 工作总结撰写不规范，交流学习效果较差<br>D. 未完成工作总结撰写，未完成交流学习</td><td></td><td></td><td></td></tr>
<tr><td colspan="2">创新能力</td><td>学习过程中提出具有创新性、可行性的建议</td><td colspan="3">加分奖励：</td></tr>
<tr><td colspan="2">班级</td><td></td><td>学号</td><td colspan="2"></td></tr>
<tr><td colspan="2">学生姓名</td><td></td><td>综合评价等级</td><td colspan="2"></td></tr>
<tr><td colspan="2">指导教师</td><td></td><td>日期</td><td colspan="2"></td></tr>
</table>